I0071161

(Conserver la couverture)

Pièce
4°F
960

DÉPOT LÉGAL
Série Intérieure
N° 41?
Année 1898

CONGRÈS GÉNÉRAL

Des Greffiers de Justice de Paix et de Simple Police

ROUEN. — 1er OCTOBRE 1898.

LOI DU 9 AVRIL 1898

Sur les Accidents du Travail

PROJET DE TARIF

Des Emoluments des Greffiers de Justice de Paix

(ADOPTÉ PAR LE CONGRÈS.)

Rapport de M. DUCOUYTES, Greffier de Paix à Marmande,

Secrétaire-Général

de la Commission Centrale des Greffiers de Justice de Paix et de Simple Police,

Directeur du Journal *Le Greffier*,

Rapporteur-Général du Congrès.

SOTTEVILLE-LÈS-ROUEN

IMPRIMERIE E. LECOURT

48, Rue Pierre-Corneille.

1898

Pièce
4°F
960

Congrès Général des Greffiers de Justice de Paix & de Simple Police.

Tenu à Rouen le 1er Octobre 1898

LOI DU 9 AVRIL 1898

Concernant les Responsabilités des Accidents dont les Ouvriers sont victimes dans leur Travail et

PROJET DE TARIF

Rapport présenté par M. L. DUCOUYTES, Greffier de Paix, à Marmande (Lot-et-Garonne),
Secrétaire-Général de la Commission centrale des Greffiers de Paix et de Simple Police,
Rapporteur-Général du Congrès.

« La grande industrie, a-t-on dit, est un champ de bataille où les victimes sont nombreuses. » L'emploi de plus en plus répandu des machines, l'obligation pour répondre aux besoins de la concurrence de fabriquer, de construire rapidement, avec une sorte de fièvre hâtive, parfois téméraire, condition commune aujourd'hui à toutes les industries, a eu pour conséquence de rendre plus fréquents et plus graves les accidents dont les ouvriers sont victimes dans leur travail.

Le droit commun tel qu'il résulte des articles 1382, 1383 et 1384 du Code Civil laissait l'ouvrier désarmé en présence de patrons riches, de compagnies puissantes qui pouvaient épuiser toutes les juridictions, tandis que l'ouvrier privé de salaire par son accident se trouvait, par les conditions économiques de son existence, quelquefois par le fait de son imprévoyance, livré sans résistance possible aux propositions d'arrangement, souvent désavantageuses, qui lui étaient faites et qu'il acceptait dans l'incertitude d'une décision judiciaire douteuse et toujours tardive.

L'ouvrier, d'ailleurs, obligé de faire la preuve de la faute du chef d'industrie, supportait fatalement les conséquences des accidents résultant des cas fortuits, de la force majeure et aussi le cas douteux où il ne lui était pas possible de démontrer clairement la faute d'autrui.

La vigoureuse poussée qui s'est faite dans l'opinion pour remédier à cette situation si déplorable, l'exemple des législations étrangères et aussi le sentiment très juste qu'avait le Parlement français de l'iniquité qu'il y avait à abandonner, comme un outil hors d'usage, en proie à la maladie et à la misère partagée, hélas, par sa famille, ce soldat de la grande armée industrielle qu'est l'ouvrier qui, lui aussi, contribue à la prospérité et à la grandeur de la Patrie, ont amené les Chambres françaises à adopter le principe du risque professionnel, donnant droit à la réparation des accidents qu'il peut causer, et à voter la loi du 9 avril 1898, qui ne sera applicable que trois mois après la publication des décrets d'administration publique qui doivent en régler l'exécution.

Le décret qui fixera le tarif des émoluments dus aux greffiers des justices de paix pour leur assistance aux divers actes prévus par cette loi, doit être rendu dans les six mois de la promulgation de la loi, par conséquent avant le 9 octobre prochain. C'est ce qui explique l'importance qui s'attache, dans ce Congrès, à l'examen des actes qui vont être confiés à la magistrature cantonale et à la détermination des éléments du tarif à intervenir.

Nous laisserons de côté les critiques qui ont été faites contre cette loi, surtout depuis sa promulgation, leurs auteurs ont peut-être fait trop bon marché de la solidarité qui, à notre époque, doit unir dans un faisceau toutes les parties de la société. Nous ne nous arrêterons pas non plus aux questions de doctrine. Notre examen sera limité aux seuls articles de la loi qui ont trait à l'intervention du juge de paix et du greffier.

L'article 1er pose le principe de l'indemnité à la charge du chef d'entreprise due à la victime ou à ses représentants pour les accidents survenus par le fait du travail, ou à l'occasion du travail, aux ouvriers et employés occupés dans les industries ou entreprises définies dans cet article.

Ce principe du droit de l'ouvrier à l'indemnité est absolu. La réparation que lui accorde la loi ne subit d'atténuation qu'en ce qui concerne la pension qui pourra être accordée à la victime ou à ses ayants-droit, s'il est démontré au tribunal que l'accident est dû à une faute inexcusable de l'ouvrier, auquel cas le tribunal aura le droit de diminuer la pension prévue au titre Ier de la loi, sans cependant que cette mesure soit obligatoire.

Mais aux termes de l'article 20, aucune indemnité ne pourra être accordée à l'ouvrier, victime de l'accident, s'il est prouvé qu'il l'a intentionnellement provoqué.

Nous insistons sur ce point parce que la détermination des causes de l'accident donnera toujours à l'enquête faite par le juge de paix, prévue par l'article 12, une gravité et une importance sur lesquelles il était nécessaire d'appeler l'attention.

ART. 12. — Lorsque, d'après le certificat médical, la blessure paraît devoir entraîner la mort ou une incapacité permanente absolue ou partielle de travail, le maire transmet immédiatement copie de la déclaration et le certificat médical au juge de paix du canton où l'accident s'est produit.

Dans les vingt-quatre heures de la réception de cet avis, le juge de paix procède à une enquête à l'effet de rechercher :

1° La cause, la nature et les circonstances de l'accident ;

2° Les personnes victimes et le lieu où elles se trouvent ;

3° La nature des lésions ;

4° Les ayants-droit pouvant, le cas échéant, prétendre à une indemnité ;

5° Le salaire quotidien et le salaire annuel des victimes.

La loi ne dit pas si c'est le maire de la commune où s'est produit l'accident ou celui des domiciles du chef d'entreprise ou de la victime qui recevra la déclaration de l'accident et la transmettra aussitôt au juge de paix. Il y a lieu de croire que c'est celui du lieu de l'accident. Ce sera donc le juge de paix du canton dont fait partie cette commune qui recevra du maire la copie de la déclaration avec le certificat médical.

Si la mort est résultée de l'accident, le maire devra également faire la transmission prescrite par le procès-verbal de l'article 12 de la loi. On ne comprendrait pas qu'obligé d'aviser le juge de paix lorsque la blessure paraît devoir entraîner la mort, il en fût dispensé lorsque la victime est déjà morte de l'accident.

L'article 12 énumère très nettement l'objet de l'enquête que fera le juge de paix ; aucun commentaire ne nous paraît utile.

ART. 13. — L'enquête a lieu contradictoirement dans les formes prescrites par les articles 35, 36, 37, 38 et 39 du Code de procédure Civile, en présence des parties intéressées ou celles-ci convoquées d'urgence par lettre recommandée.

Le juge de paix doit se transporter auprès de la victime de l'accident qui se trouve dans l'impossibilité d'assister à l'enquête.

Lorsque le certificat médical ne lui paraîtra pas suffisant, le juge de paix pourra désigner un médecin pour examiner le blessé.

Il peut aussi commettre un expert pour l'assister dans l'enquête.

Il n'y a pas lieu, toutefois, à nomination d'expert dans les entreprises administrativement surveillées, ni dans celles de l'Etat placées sous le contrôle d'un service distinct du service de gestion, ni dans les établissements nationaux où s'effectuent des travaux que la sécurité publique oblige à tenir secrets. Dans ces divers cas, les fonctionnaires chargés de la surveillance et du contrôle de ces établissements ou entreprises et, en ce qui concerne les exploitations minières, les délégués à la sécurité des ouvriers mineurs transmettent au juge de paix, pour être joint au procès-verbal d'enquête, un exemplaire de leur rapport.

Sauf les cas d'impossibilité matérielle dûment constatés dans le procès-verbal, l'enquête doit être close dans le plus bref délai et, au plus tard, dans les dix jours à partir de l'accident. Le juge de paix avertit, par lettre recommandée, les parties de la clôture de l'enquête et du dépôt de la minute au greffe, où elles pourront, pendant un délai de cinq jours, en prendre connaissance et s'en faire délivrer une expédition, affranchie du timbre et de l'enregistrement. A l'expiration de ce délai de cinq jours, le dossier de l'enquête est transmis au président du tribunal civil de l'arrondissement.

Les articles visés du Code de procédure Civile ont trait au serment des témoins, aux reproches qui peuvent être exercés contre eux, à la forme des dépositions, au transport du juge et au procès-verbal qui doit être dressé.

Il sera toujours fait un procès-verbal des dépositions des témoins. La loi a prévu la convocation des parties par lettre recommandée envoyée par le greffier, signée du juge (art. 13 procédure Civile), mais elle n'indique pas de quelle manière les témoins seront appelés.

Les témoins pourront toujours se présenter volontairement, mais les autres que l'on voudrait faire entendre seront-ils appelés par citation ou par lettre recommandée ?

Le Code de procédure Civile au titre VII qui a trait aux enquêtes devant la justice de paix, n'a pas non plus indiqué le mode qui serait employé pour appeler les témoins, il n'a pas prévu la non-comparution des témoins, et, cependant la jurisprudence a admis que les dispositions adoptées pour les enquêtes devant les tribunaux civils seraient applicables en justice de paix, que, notamment, le témoin défaillant pouvait être condamné à l'amende par le juge de paix et réassigné à ses frais, en exécution des art. 263 et 264 du Code Civil. (Dalloz. Enq. 662. — Rousseau et Laissen, *Diction. Ency.*, n° 502).

On doit remarquer que l'article 13 fait comparaître les intéressés, c'est-à-dire la victime ou ses ayants-droit, le chef d'entreprise sur lettre recommandée, leur déposition a une importance au moins égale à celle des témoins. On peut donc admettre que le législateur ayant réglé le mode de comparution une fois pour toutes n'a pas cru devoir revenir sur ce point.

Dans un mémoire adressé à la Chambre des Députés, chargée de l'examen de ce projet de loi, nous avions signalé cette lacune.

Les témoins seront donc appelés par lettre recommandée.

L'article 13 ne comporte cependant aucune sanction pour les non-comparants. Le juge de paix pourrait-il en l'état de la question les condamner à l'amende, s'ils n'avaient été appelés que par une lettre recommandée ? Nous hésitons à le croire.

La déposition du témoin, sa comparution, sont une dette sociale qu'il doit à la recherche de la vérité. S'il n'a pas d'excuse légitime, si le juge ne croit pas, à raison des circonstances, devoir se rendre auprès d'un témoin, il doit être contraint de venir déposer.

Nous croyons donc, qu'en présence du mauvais vouloir d'un témoin, le juge de paix pourrait ordonner qu'il serait cité à ses frais et seulement alors, sur son défaut, il le condamnerait à l'amende prévue par l'article 263 du Code de procédure Civile.

Le greffier accompagnera le juge de paix, s'il y a lieu à transport. C'est lui qui dresse le procès-verbal de l'audition des témoins (art. 39 du Code de procédure Civile).

Le juge de paix se transportera auprès de la victime si celle-ci se trouve dans l'impossibilité d'assister à l'enquête, pour recevoir sa déposition.

Le juge apprécie, selon les circonstances de la cause, s'il doit se transporter sur les lieux de l'accident (art. 38 du Code de procédure Civile).

Si le juge de paix croit devoir commettre un médecin pour examiner la victime de l'accident, un expert pour l'assister dans l'enquête, cette désignation devra être faite par ordonnance.

Les témoins et les médecins ou experts seront taxés sur leur requête, d'après les lois en vigueur à moins qu'il n'en soit ordonné autrement par le décret d'administration publique à intervenir.

L'enquête terminée dans les dix jours de l'accident, sauf impossibilité matérielle, le juge de paix prévient le patron et la victime, par lettre recommandée, de la clôture de l'enquête et du dépôt de la minute au greffe de la justice de paix, où pendant cinq jours ils pourront en prendre connaissance et s'en faire délivrer expédition.

Cela veut dire que les parties pourront lire l'enquête sans avoir le droit de prendre des notes ou copies elles-mêmes. Cette copie, l'expédition, le greffier a seul le droit de la délivrer aux conditions du tarif qui interviendra.

Cette copie sera d'ailleurs exempte de frais de timbre. Nous verrons plus tard que la minute sera visée pour timbre et enregistrée gratis.

A l'expiration du délai de cinq jours, le dossier sera envoyé au président du tribunal civil de l'arrondissement du lieu de l'accident. Ce dossier sera envoyé en expédition, décharge devra en être donnée par le greffier du Tribunal civil. Cet envoi devra être fait, nous paraît-il, sous pli recommandé ou même le dossier sera porté par le greffier de paix au greffe du tribunal. Sa responsabilité ne sera dégagée que par le récépissé de dépôt qui lui sera remis.

A compter de quelle date partira le délai de cinq jours accordé pour communication aux parties ? A défaut d'indication précise dans la loi, nous pensons que ce délai partira du jour où les intéressés auront été touchés par la lettre d'avis et qu'il sera franc (Voir d'ailleurs l'article 16 de la loi qui vient à l'appui de notre opinion).

Art. 15. — Les contestations entre les victimes d'accidents et les chefs d'entreprise, relatives aux frais funéraires, aux frais de maladie ou aux indemnités temporaires, sont jugées en dernier ressort par le juge de paix du canton où l'accident s'est produit, à quelque chiffre que la demande puisse s'élever.

L'article 3 § 3 limite le droit de l'ouvrier frappé d'incapacité temporaire à une indemnité journalière égale à la moitié du salaire touché au moment de l'accident, si l'incapacité a duré plus de quatre jours et à partir du cinquième jour.

L'article 4 relatif aux frais funéraires et de maladie est ainsi conçu :

Art. 4. — Le chef d'entreprise supporte, en outre, les frais médicaux et pharmaceutiques et les frais funéraires. Ces derniers sont évalués à la somme de cent francs (100 fr. au maximum).

Quant aux frais médicaux et pharmaceutiques, si la victime a fait choix elle-même de son médecin, le chef d'entreprise ne peut être tenu que jusqu'à concurrence de la somme fixée par le juge de paix du canton, conformément aux tarifs adoptés dans chaque département pour l'assistance médicale gratuite.

Les frais médicaux comprendront-ils ceux des opérations chirurgicales si celles-ci sont nécessaires ? Oui, sans doute, puisque la loi n'a pas fait de distinction et qu'en matière d'accident l'intervention du chirurgien est toujours à prévoir. Nous faisons cette observation parce que des sociétés de secours mutuels et des sociétés d'assurances comprennent l'expression « frais médicaux » dans un sens restrictif.

Art. 8. — Le salaire qui servira de base à la fixation de l'indemnité allouée à l'ouvrier âgé de moins de seize ans ou à l'apprenti victime d'un accident ne sera pas inférieur au salaire le plus bas des ouvriers valides de la même catégorie occupés dans l'entreprise.

Toutefois, dans le cas d'incapacité temporaire, l'indemnité de l'ouvrier âgé de moins de seize ans ne pourra pas dépasser le montant de son salaire.

Cet article pose une règle précise pour l'évaluation des salaires de l'ouvrier âgé de moins de seize ans, il était nécessaire de le reproduire pour compléter le sens de l'article 15 qui attribue compétence au juge de paix sans limitation d'ailleurs dans le chiffre de la demande.

Le juge de paix statuera en dernier ressort, le recours en cassation demeurera ouvert, la loi n'ayant pas stipulé le contraire.

L'article 22 accorde aux victimes de l'accident ou à ses ayants-droit le bénéfice de l'assistance judiciaire.

Dans les affaires sur assistance judiciaire transmises au juge de paix, celui-ci désigne l'huissier chargé de citer le défendeur en vertu de l'article 13 de la loi du 30 janvier 1851.

Dans la procédure sur accident, il serait téméraire de soutenir que la lettre recommandée envoyée en vertu de l'article 13 de la loi du 9 avril 1898 pourra être employée pour appeler le défendeur dans l'action intentée en vertu de l'article 15. Nous sommes même d'avis que le juge de paix devra tenter la conciliation et qu'à défaut de celle-ci permis de citer sera délivré ; c'est alors qu'il désignera l'huissier chargé de faire la procédure.

L'assistance judiciaire ne s'appliquant pas à l'avertissement donné en exécution de l'article 17 de la loi du 2 mai 1855, l'avertissement en conciliation que nous jugeons nécessaire, ne devra donc pas être porté au registre à moins que le demandeur consente à supporter les frais du timbre. Qui paiera les frais d'envoi et la remise du greffier ? Nous pensons que les uns et les autres, peu importants d'ailleurs, devront être portés sur le mémoire général des frais à payer par l'enregistrement.

L'article 4 que nous avons plus haut reproduit, donne compétence au juge de paix pour fixer l'importance des frais médicaux et pharmaceutiques ; sera-ce un jugement, une ordonnance ? Si le juge procède par ordonnance, il devra être assisté par le greffier, car elle aura un caractère judiciaire et définitif et non provisoire, bien déterminé. Il en est, d'ailleurs, de même des autres ordonnances qui pourront être jugées utiles au cours de la procédure.

L'action prévue par l'article 15 peut donner lieu à un jugement de défaut ; dans ce cas, la procédure prescrite au titre des justices de paix sera suivie.

L'article 18 fixe à une année à dater du jour de l'accident la prescription pour toute action en indemnité prévue par la loi.

ART. 22. — Le bénéfice de l'assistance judiciaire est accordé de plein droit, sur le visa du procureur de la République, à la victime de l'accident ou à ses ayants-droit, devant le tribunal.

A cet effet, le président du tribunal adresse au procureur de la République, dans les trois jours de la comparution des parties prévue par l'article 6, un extrait de son procès-verbal de non-conciliation ; il y joint les pièces de l'affaire

Le procureur de la République procède comme il est prescrit à l'article 13 (paragraphes 2 et suivants) de la loi du 22 janvier 1851.

Le bénéfice de l'assistance judiciaire s'étend de plein droit aux instances devant le juge de paix à tous les actes d'exécution mobilière et immobilière, et à toute contestation incidente à l'exécution des décisions judiciaires.

Le bénéfice de l'assistance judiciaire étant accordé de plein droit à l'ouvrier victime d'un accident, la procédure toujours longue de la demande en assistance lui sera épargnée, l'intervention du procureur de la République n'est plus nécessaire pour la transmission de cette autorisation, cet article ne s'applique donc qu'aux tribunaux de première instance.

ART. 23. — La créance de la victime de l'accident ou de ses ayants-droit relative aux frais médicaux, pharmaceutiques et funéraires ainsi qu'aux indemnités allouées à la suite de l'incapacité de travail, est garantie par le privilège de l'article 2101 du Code Civil et y sera inscrite sous le numéro 6.

Le paiement des indemnités pour incapacité permanente de travail ou accidents suivis de mort est garanti conformément aux dispositions des articles suivants.

En exécution de l'article qui précède, la créance de la victime résultant des articles 3, 4 et 8 de la loi sera privilégiée selon les termes de l'article 2101 du Code Civil ; elle sera primée par les créances suivantes : 1° frais de justice ; 2° frais funéraires ; 3° frais quelconques de dernière maladie ; 4° salaire des gens de service pour l'année échue et l'année courante ; 5° fournitures de subsistances faites au débiteur et à sa famille pendant six mois et pendant la dernière année par les marchands en gros et les maîtres de pension.

Quelques-uns de ces privilèges ne pouvant s'exercer que dans le cas de mort du débiteur, si celle-ci n'est pas survenue au moment de la condamnation prononcée au profit de la victime de l'accident, la créance de celui-ci sera privilégiée d'autant.

En cas de décès de la victime de l'accident, les ayants-droit devront justifier de leur qualité pour bénéficier des indemnités, rentes viagères ou sommes qui en tiendraient lieu. Les juges de paix auront à dresser des actes de notoriété, des certificats de propriété selon les règles posées par les lois en vigueur, celle du 9 avril 1898 n'ayant rien innové à ce sujet.

ART. 31. — Les chefs d'entreprise sont tenus, sous peine d'une amende de un à quinze francs (1 à 15 fr.), de faire afficher dans chaque atelier la présente loi et les règlements d'administration relatifs à son exécution.

En cas de récidive dans la même année, l'amende sera de seize à cent francs (16 à 100 fr.)

Les infractions aux dispositions des articles 11 et 31 pourront être constatées par les inspecteurs du travail.

L'article 31 fait rentrer dans la compétence pénale du juge de simple police les infractions au même article qui prescrit l'affichage dans chaque atelier d'un exemplaire de la présente loi et des règlements d'administration publique relatifs à son exécution.

Seront également punis des peines de simple police, aux termes de l'article 14, les chefs d'industrie ou leurs préposés qui auront contrevenu aux dispositions de l'article 11 relatives à la déclaration de l'accident.

TARIF DES ÉMOLUMENTS

des Greffiers des Justices de ·Paix pour les actes faits en exécution
de la Loi du 9 Avril 1898.

Art. 29. — Les procès-verbaux, certificats, actes de notoriété, significations, jugements et autres actes faits ou rendus en vertu et pour l'exécution de la présente loi, sont délivrés gratuitement, visés pour timbre et enregistrés gratis lorsqu'il y a lieu à la formalité de l'enregistrement.

Dans les six mois de la promulgation de la présente loi, un décret déterminera les émoluments des greffiers de justice de paix pour leur assistance à la rédaction des actes de notoriété, procès-verbaux, certificats, significations, jugements, envois de lettres recommandées, extraits, dépôts de la minute d'enquête au greffe, et pour tous les actes nécessités par l'application de la présente loi, ainsi que les frais de transport auprès des victimes et d'enquête sur place.

L'article 29 de la loi qui prévoit le décret-tarif de nos émoluments est très précis dans son énoncé. On peut considérer l'énumération des actes comme étant complète et d'ailleurs l'expression « in fine » *et pour tous les actes nécessités par l'application de la présente loi*, permet de réparer les omissions et on ne pourra plus nous répondre, ainsi que cela s'est produit pour la loi sur les saisies-arrêts : « Nous reconnaissons que tels ou tels actes devraient être tarifiés, mais le Conseil d'Etat s'est cru lié par l'article de la loi relatif au tarif qui ne désignait nommément que quelques actes. Le titre même donné au décret du 8 février 1895 indique bien l'intention du législateur de limiter son œuvre à quelques actes.

Laissons la loi de 1895 qui va disparaître après avoir donné tant de mécomptes, et revenons à la loi sur les accidents.

Nous allons essayer de déterminer les émoluments et indemnités auxquels donnera lieu l'application de la loi du 9 avril 1898, en nous appuyant sur divers travaux législatifs, des documents déjà produits par les greffiers, des actes analogues des autres juridictions, enfin des tarifs résultant de lois récentes en tenant compte aussi, dans une large et juste mesure, de cette opinion aujourd'hui indiscutable que la tarification actuelle des actes des greffiers de justice de paix ne saurait servir de terme de comparaison, tant le tarif du 16 février 1807 est reconnu insuffisant même par les Pouvoirs publics.

1° Actes de notoriété ou certificats de propriété.

Le paiement des indemnités ou pensions, des frais médicaux et pharmaceutiques dûs aux ayants-droit par suite du décès de la victime de l'accident, donnera lieu à des actes de notoriété ou certificats de propriété dans les divers cas prévus par la loi : Acte de notoriété lorsqu'il s'agira d'établir les qualités des ayants-droit à la pension ou rente viagère; acte de notoriété et certificat lorsque les héritiers de la victime demanderont le paiement des indemnités, des arrérages de pension, le remboursement des frais médicaux, pharmaceutiques ou funéraires.

Ces actes, à cause des recherches, des entrevues nombreuses que le greffier devra avoir avec les intéressés, nous paraissent comporter un émolument égal à celui que l'Assemblée Nationale avait fixé en 1875 pour ces sortes d'actes dans le projet de tarif des greffiers des justices de paix adopté en première délibération, soit :

Pour les Greffiers de Paris et villes assimilées . . . . 5 fr. »

— — des autres cantons . . . . 4 »

Les tarifs des notaires, récemment promulgués par une série de décrets qui ont paru au *Journal Officiel*, fixent les honoraires de ces officiers ministériels pour les certificats de propriété à un minimum de 4 fr. au droit proportionnel de 0,25 p. 0/0.

Or, que l'acte de notoriété ou que le certificat de propriété soit dressé par le juge de paix assisté du greffier ou par le notaire, ses effets légaux sont les mêmes, les compétences sont seulement délimitées par les conventions matrimoniales ou autres actes portant translation de propriété. On ne comprendrait donc pas pour quel motif l'émolument accordé au greffier serait inférieur à celui alloué au notaire.

2° Procès-Verbal d'Enquête

Le procès-verbal d'enquête prévu par l'article 13 aura lieu au prétoire de la justice de paix, ou bien sur le lieu de l'accident si le juge estime le transport nécessaire et l'enquête utile sur le théâtre même de l'accident. L'enquête pourra encore être faite auprès de la victime, à son domicile, si elle ne peut se déplacer.

Il y a donc deux cas à considérer : 1° Enquête au prétoire ; 2° Enquête avec transport et par suite déplacement.

L'enquête au domicile de la victime équivaut à la visite des lieux actuelle avec enquête prévue par l'art. 38 du Code de procédure civile et qui se règle par vacation.

Dans les divers projets de révision des tarifs, soit en 1875, soit antérieurement dans le projet élaboré par la commission extra-parlementaire présidée par M. Guilbon, de 1873 à 1874, et aussi dans le projet préparé sous le ministère de M. Mazeau, en 1887, la vacation a été portée à 4 fr.; nous la maintenons à ce chiffre, soit :

Paris et villes assimilées . . . . 5 fr. »

Autres cantons . . . . 4 — »

3° Procès-Verbal d'Enquête au Prétoire

L'enquête au prétoire n'est autre que l'acte précédent avec le transport en moins. Il paraît logique de lui accorder la même tarification.

On nous permettra d'ajouter qu'en matière d'enquête, la responsabilité du greffier est entière en ce qui concerne l'accomplissement des formalités substantielles dont le défaut peut entraîner la nullité de l'enquête et, comme conséquence, celle-ci faite à nouveau aux frais du greffier (Voir pour la responsabilité du greffier. Jugement du Tribunal civil de Cosne du 18 janvier 1887). Si la taxe par vacation n'était pas admise, nous proposons d'allouer au greffier, par témoin entendu, 50 centimes.

4° Procès-Verbal de constat ou visite des lieux

Il arrivera fréquemment que la victime aura été transportée à son domicile ou dans un hôpital éloigné du théâtre de l'accident. Le juge de paix, pour rechercher les causes de l'accident, devra se transporter sur ce dernier point. Ce sera un procès-verbal de constat ou visite des lieux indépendant de l'enquête. Cet acte par analogie avec l'enquête sera taxé :

Paris et villes assimilées. . . . . 5 fr. »
Autres cantons . . . . 4 »

5° Ordonnance du Juge de Paix et son dépôt au Greffe

Dans les cas prévus par les articles 4 et 13 de la loi, des ordonnances seront rendues par le juge de paix ; il est nécessaire qu'elles ne restent pas entre les mains des intéressés pour le cas où le dossier entier devra être envoyé au président du Tribunal Civil. Ce sera, d'ailleurs, un acte de justice de paix puisque nous avons établi plus haut qu'il y aurait assistance du greffier.

Il y a lieu de prévoir un émolument de. . . . . . 1 fr. »

6° Jugements. — Rédactions des qualités

Au sens ordinaire du mot, il n'y a pas de qualités en justice de paix ; en fait, elles n'en existent pas moins ; il est indispensable qu'elles soient établies sur la minute du jugement. C'est bien là l'œuvre du greffier sur le vu des pièces qui lui sont déposées, c'est une rédaction qui lui est confiée tout aussi bien que la forme générale du jugement, la part directe du juge comprend la rédaction des motifs et du dispositif du jugement.

Pour ces diverses causes nous fixons ainsi qu'il suit l'indemnité pour la rédaction des qualités du jugement :

Jugement interlocutoire ou préparatoire. . . . . . . 1 fr. »
Contradictoire définitif. . . . . 2 »
Par défaut. 1 50

7° Lettres recommandées

Nous conservons l'indemnité allouée par la loi sur les saisies-arrêts, sur les habitations à bon marché et les Warrants agricoles soit (débours non compris) par lettre. . . . . 0 fr. 50

8° Dépôt de rapport d'expert ou de pièces

Des rapports seront déposés par l'expert nommé par le juge de paix ou encore par les agents de l'administration dans les exploitations qui sont sous le contrôle et la surveillance de celle-ci. Serment sera prêté par l'expert nommé et procès-verbal dressé. Nous groupons ces divers éléments pour constituer l'honoraire attribué au dépôt de rapport d'expert ou de pièces et que nous fixons ainsi que cela avait été accepté par l'Assemblée Nationale, savoir :

Paris et villes assimilées. . . . . 5 fr. »
Autres cantons . . . . 4 »

9° Certificats ou extraits

Les greffiers seront appelés à certifier divers faits de la procédure, à délivrer des extraits ne donnant pas ouverture au droit d'expédition. Nous appliquons l'émolument attribué en pareil cas aux greffiers de première instance par le § 7 de l'article 1er du décret du 24 mai 1854, soit . . . . 1 fr. 50

10° Indemnité de transport

La base posée par le tarif de 1807 est inacceptable. Le système qui consiste à n'accorder d'indemnité que si le transport a lieu en dehors de la commune ou à une distance minimum est absolument inique et barbare. Il suppose que les membres des tribunaux sont tous à l'âge où l'on peut impunément braver les fatigues. Il n'en est malheureusement pas ainsi.

Le système le plus équitable n'est autre que la base kilométrique. Le gouvernement est entré dans cette voie. Nous lisons dans les tarifs des notaires récemment promulgués que lorsqu'il y aura lieu à transport le notaire aura droit à une indemnité par kilomètre parcouru, en allant et en revenant, de :

1° 20 centimes si le transport a lieu en chemin de fer ;
2° 40 centimes si le transport a lieu par toute autre voie.

C'est ce tarif que nous proposons d'accepter pour les greffiers des justices de paix.

11° Frais de séjour

Si le séjour est nécessaire pour la continuation de l'enquête et que la durée de celle-ci soit de plus d'une journée, il nous paraît indispensable d'accorder une indemnité au greffier. On ne peut exiger de ce dernier qu'il supporte des frais de séjour qui seraient fort onéreux pour lui. Cette indemnité ne nous paraît pas devoir être inférieure à 10 fr. C'est le montant de celle accordée aux notaires,

12° Transmission du dossier de l'enquête au président du Tribunal

Nous nous sommes référés pour l'indemnité relative à cette transmission de dossier à l'article 14 du tarif du 16 février 1807, soit (frais compris) 5 fr. »

13° Rôles d'expédition

Les actes de cette procédure seront sur papier libre pour ceux prévus à l'article 29 de la loi. Mais en ce qui concerne les expéditions, le prix du papier ne doit pas rester à la charge du greffier. Nous proposons d'ajouter, tout au moins, aux honoraires actuels des rôles qui sont 0,40 , 0,45 , et 0,50 selon les villes, une indemnité représentative du déboursé pour le papier et d'établir deux catégories au lieu de trois, savoir ;

Paris et villes assimilées, le rôle	0 fr. 60
Autres cantons	0 50

Nous ne faisons, d'ailleurs, sur ce point qu'accorder aux greffiers des justices de paix ce qui a été admis pour les greffiers des autres juridictions par la loi du 26 janvier et le décret du 24 juin 1892.

14° Répertoire Timbré

Les actes de cette procédure devront être portés sur le répertoire timbré ; puisque en justice de paix, il n'y a pas de répertoire sur papier libre. Il est donc juste de faire application du décret du 24 novembre 1861 et d'attribuer aux greffiers de paix pour chaque mention sur registre timbré une indemnité de 0 fr. 25.

Le montant des frais sera payé par l'administration de l'enregistrement qui en fera l'avance, puisque l'assistance judiciaire est de droit pour la victime de l'accident, sauf son recours contre le chef d'industrie. Celui-ci pourra être, dans certains cas, condamné à payer directement, si lui-même a intenté une action contre la victime, le bénéfice de l'assistance judiciaire ne lui étant pas accordé par la loi.

Pour éviter toutes difficultés, nous demandons que l'article dernier du décret-tarif porte que les émoluments et indemnités (dus au greffier pour les actes prévus par la loi du 9 avril 1898), seront payés sur un état taxé par le juge de paix et rendu par lui exécutoire. De ce qui précède, nous établissons ainsi qu'il suit le projet de tarif :

PROJET DE TARIF

des actes de la procédure devant le juge de paix pour l'exécution de la loi du 9 avril 1898 sur les responsabilités des accidents dont les ouvriers sont victimes dans leur travail.

	Indication portée Au Projet de Tarif PARIS et VILLES ASSIMILÉES — REMPLACÉE PAR Cantons et Villes de 30,000 AMES et au-dessus (Vœu du Congrès)	Autres Cantons
	FR. C.	FR. C.
ARTICLE PREMIER. — Il est alloué aux greffiers des justices de paix pour assistance et rédaction de :		
1° Actes de notoriété ou certificat de propriété :	5 »	4 »
2° Procès-verbal d'enquête au domicile de la victime ou sur les lieux, par vacation	5 »	4 »
3° Procès-verbal d'enquête au prétoire par vacation	5 »	4 »
4° Procès-verbal de constat ou de visite des lieux, par vacation	5 »	4 »
5° Ordonnance du juge de paix et son dépôt au greffe	1 »	1 »
6° Qualités. — Jugement interlocutoire ou préparatoire	1 »	1 »
Contradictoire définitif	2 »	2 »
Par défaut	1 50	1 50

	FR.	C,	FR.	C.
Art. 2me. — Il est alloué aux greffiers des justices de paix les émoluments et indemnités suivantes pour :				
7° Lettres recommandées, déboursés non compris, par chacune.	»	50	»	50
8° Dépôt de rapport d'expert ou de pièces . .	5	»	4	»
9° Certificats ou extraits	1	50	1	50
10° Indemnité de transport pour chaque kilomètre parcouru en allant et en revenant :				
En chemin de fer	»	20	»	20
Par toute autre voie.	»	40	»	40
11° Frais de séjour lorsque l'enquête durera plus d'une journée, pour chacune d'elles, indépendamment du droit de vacation.	10	»	10	»
12° Transmission du dossier de l'enquête au greffier du tribunal civil (déboursés compris) . .	5	»	5	».
13° Pour chaque rôle d'expédition (déboursés compris)	»	60	»	50
14° Pour chaque mention sur un registre timbré.	»	25	»	25

15° Les émoluments et indemnités prévus par le présent décret seront payés sur état taxé par le juge de paix et par lui rendu exécutoire.

(Applaudissements).

Mr Alexis Cendrier, docteur en droit, greffier de la justice de paix du 1er arrondissement de Paris, prend la parole.

Il déclare accepter le travail présenté par M. le Rapporteur, mais il propose, conformément à ce qui a été fait pour le tarif des notaires, de remplacer la désignation : « Paris et villes assimilées » par celle-ci : « Cantons et villes de 30,000 âmes et au-dessus. »

Le rapport de M. Ducouytes et le projet de tarif ainsi amendé sont mis aux voix et adoptés à l'unanimité,

Le Congrès décide, en outre, que ce rapport et le tarif annexé seront envoyés à M. le Garde des Sceaux, Ministre de la Justice, à M. le Ministre du Commerce et de l'Industrie, à M. le Président et à MM. les Membres de la

Commission chargée d'examiner et d'approuver le règlement d'administration publique pour l'exécution de la loi.

Et que le tarif adopté et proposé par le Congrès sera sanctionné par la promulgation d'un décret où les expressions « Paris et villes assimilées » seront remplacées par « cantons et villes de 30,000 âmes et au-dessus ».

www.ingramcontent.com/pod-product-compliance
Lightning Source LLC
Chambersburg PA
CBHW050443210326
41520CB00019B/6051